苏苏历险记之

平定龙卷国风波

江苏省气象学会　编著

图书在版编目（CIP）数据

苏苏历险记之平定龙卷国风波 / 江苏省气象学会编著. -- 北京 : 气象出版社, 2022.12
ISBN 978-7-5029-7875-4

Ⅰ. ①苏… Ⅱ. ①江… Ⅲ. ①龙卷风—少儿读物
Ⅳ. ①P445-49

中国版本图书馆CIP数据核字(2022)第235514号

苏苏历险记之平定龙卷国风波
Susu Lixianji zhi Pingding Longjuan Guo Fengbo

出版发行：气象出版社
地　　址：北京市海淀区中关村南大街 46 号　　邮政编码：100081
电　　话：010-68407112（总编室）　010-68408042（发行部）
网　　址：http://www.qxcbs.com　　E-mail：qxcbs@cma.gov.cn
责任编辑：宿晓凤　邵华　　终　　审：吴晓鹏
责任校对：张硕杰　　责任技编：赵相宁
封面设计：周天婧
印　　刷：北京地大彩印有限公司
开　　本：787 mm×1092 mm　1/16　　印　　张：1.75
字　　数：32 千字
版　　次：2022 年 12 月第 1 版　　印　　次：2022 年 12 月第 1 次印刷
定　　价：10.00 元

本书如存在文字不清、漏印以及缺页、倒页、脱页等，请与本社发行部联系调换。

《苏苏历险记》系列绘本编写组

组　长：孙　燕

副组长：李余婷

成　员：朱　裔　何　艳　周　晶　艾文文
张　岚　张志薇　周　青　魏清宇
潘菁菁　孙　明　孙　艳　单　婵

指　导：王啸华　项　瑛　吴海英

前言

气象科普工作是气象事业的重要组成部分，在气象服务效益的发挥中起先导性作用。近年来，雷雨大风、龙卷等强对流天气有多发、重发趋势，对各行各业和人民群众安全的影响日益加剧。为有效防范和减轻此类天气造成的影响，气象部门在提升监测预警服务能力的同时，有针对性地开展了对灾害性天气的解读与科普工作，传递气象科学知识，提高全社会防灾意识、避险自救能力，为解决气象防灾减灾“最后一公里”问题发挥积极作用。

本套《苏苏历险记》系列绘本以江苏气象 IP 形象“苏苏”为故事主人公，随着故事情节的发展，将龙卷、暴雨等强对流灾害性天气的特点、影响、可行性的防御措施等知识由浅至深地向小读者进行科普。在阅读本书的过程中，小读者将体验到：

①灵活有趣：本书将气象知识结合在精彩的故事当中，故事背景充满想象、故事发展环环相扣、故事情节引人入胜，通过故事主人公在不同场景的情节发展进行气象知识科普，引起读者阅读兴趣。

②系统科学：在本书中，科普知识内容分布详略得当——主体故事部分进行简单的气象知识浅层科普，在“苏苏小贴士”的部分对气象知识进行科学深入的描述；书中的科普知识内容均经过气象专家的审查，确保知识传播的正确性、科学性。

③阅读＋研学：本书不仅通过图文故事进行科普，也增加了科普小实验的部分，鼓励小读者动手动脑，通过简易的小实验加深对读本的阅读印象；在图书的最后，小读者也可以通过填写表格、做出读书总结的形式，完成一次科普读本的学习记录。

希望本书能够激发小读者的阅读兴趣，鼓励他们探索气象知识，在他们心中种下科学的种子，培养良好的科学素养。此外，本书可结合科普活动，帮助公众了解暴雨、龙卷灾害天气下的自救互救措施，切实减少人民群众在灾害发生时受到的生命财产安全影响，提高公众防灾减灾意识和避灾自救能力。

江苏气象科普吉祥物

“苏苏”是江苏气象科普品牌代言人，于 2019 年荣获“全国十大气象科普创客”。

“苏苏”是以机器人为原型设计的卡通人物。整体设计具有科技感，体现智慧气象元素，与气象部门坚持科技引领，创新驱动的基本原则相吻合。头顶“祥云”既是气象元素的重要体现，也是具有独特代表性的中国文化符号，表达了气象部门希望“风调雨顺、国泰民安”的美好祝愿；额头黄色闪电符号，具有防灾减灾警示作用；眼部佩戴 AR 眼罩、耳朵安装信号接收器，体现信息新技术在气象领域的应用。

有趣、有料、有温度的“苏苏”

背景介绍：
在浩瀚的宇宙中，有一个神秘的气象星球，在这个星球上有着许许多多的国家，每个国家都有它的特色：晴天王国风景如画、居民亲切友好；暴雨王国地处偏远、居民蛮横霸道……
人物介绍：
苏苏，热爱探险且有着丰富的气象知识。最近，他被派往气象星球执行一项神秘的任务……

“咻”的一声，苏苏已经稳稳地在气象星球着陆了。他向四周望去，只见瓦蓝瓦蓝的天空倒映在清澈的湖面上，树叶“沙沙沙”演奏着动人的乐曲，软软的草地让人脚下顿时轻松许多。经历了长途奔波的苏苏不禁躺下来休息，并欣赏着美丽的景色。
就在他睡眼惺忪时，忽然，两个黑影飞扑过来，将他狠狠按住。

你们是谁？
快放开我！
你这个偷我们宝物的奸细，跟我们去大牢！
我不是奸细！
你们认错人了！
是真是假，我们国王一验便知！

被蒙着眼睛、绑住双手的苏苏被两名护卫控制着，带到了一个陌生的地方。不一会儿，苏苏的眼罩被猛地揭开了。随着视野渐渐明亮起来，苏苏这才看清周围的环境。

只见高高的土褐色台子上，坐着一位头戴金灿灿王冠、身材像个漏斗、长着小胡子的老头儿，他的身边站着两个身穿红色铠甲的高大护卫。

你眼力不错，
我是这儿的国王，
这里是我陆龙卷国
的领地。
请问您是这里的
国王吗？这里是
什么地方？
国王您好！我是途经这
里的外来客，并非有意
踏入你们的领地。请高
抬贵手放我离开吧！
你身上穿的明明是我们的
敌人——水龙卷国的蓝色
服装，而且我的护卫说你
降落时也会旋转。如何证
明你是清白的？

我是初次来到气象星球，意外降落到陆龙卷国，并不知道你们两国之间的冲突。

水龙卷国的蓝色是因为他们大多出生于海面上的缘故，而我的蓝色是制造我的工作人员专门为我设计的外壳颜色。

水龙卷也属龙卷一族，不仅身材和诸位一样是漏斗状的，而且也会不停地旋转，我会旋转是因为我的内部装了飞行器。

不信您可以让护卫来瞧瞧！

你们去看看。
报告国王，此人所言属实。
是我们误会了。护卫，快放开这位朋友！

【龙卷是何方“神圣”？】

龙卷，也称龙卷风，是一种强烈的、小范围的空气涡旋，状如漏斗，风速极快（地面最强），破坏力很大。龙卷常见于热带和温带地区，包括美洲内陆、澳大利亚西部、印度半岛东北部等。龙卷包括多涡旋龙卷、陆龙卷、水龙卷、火龙卷等。

陆龙卷产生于陆地，能够卷扬尘土，卷走房屋、树木等，会带来强风等气象灾害，并且造成破坏。

水龙卷发生在海上，会产生犹如“龙吸水”的现象，能吹翻和毁坏船只，当移动至陆地时会产生更大的破坏力。世界各地的海洋和湖泊等都可能出现水龙卷。

陆龙卷

水龙卷

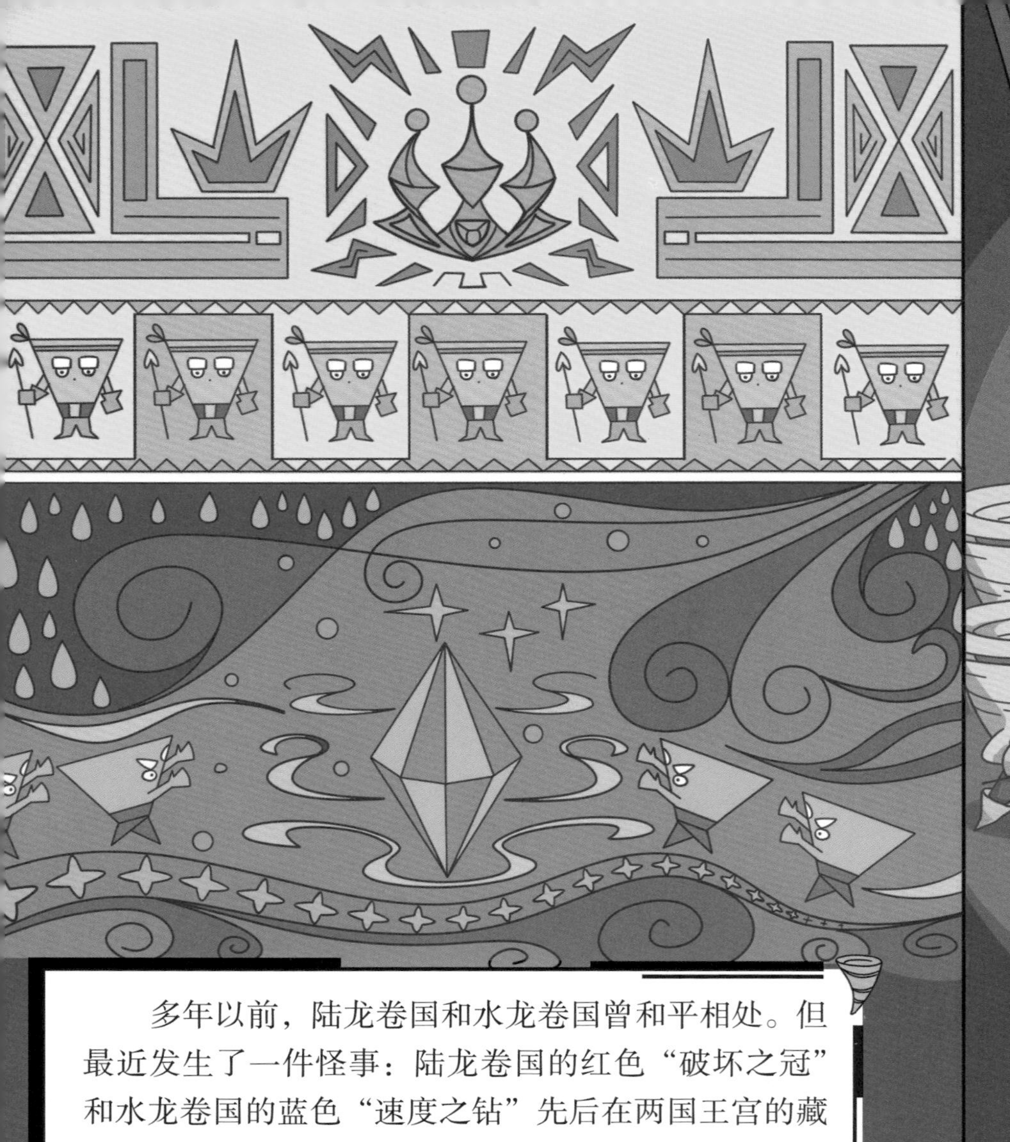

多年以前，陆龙卷国和水龙卷国曾和平相处。但最近发生了一件怪事：陆龙卷国的红色“破坏之冠”和水龙卷国的蓝色“速度之钻”先后在两国王宫的藏宝阁内离奇失踪。一时间，两国内流言四起，两国国王都怀疑是对方派出的奸细盗窃了自己国家的宝物。

宝物被盗事件发生后，两国关系急剧恶化，频频开战，弄得边境民不聊生。

苏苏得知事情原委后，主动请缨前往水龙卷国寻找丢失的宝物。

开开门，我是逃荒来的水龙卷国人。
要进水龙卷国，就要答得出水龙卷国的问题！
你尽管问，我答便是。
你且听好，龙卷经过的地方会发生什么？
龙卷经过的地方，常会发生拔起大树、掀翻车辆、摧毁建筑物等现象，有时还会把人吸走，危害十分严重。

除此之外，龙卷还会带来什么影响呢？
龙卷发生时，会伴随一系列强对流灾害性天气，如冰雹、暴雨等；会加重灾情，如造成农作物受损、交通不便、人员伤亡等。
有没有办法阻止龙卷呢？
懂得蛮多的，进来吧！
龙卷的出现和消失都十分突然，目前还很难防止它发生。地球人只能多关注气象台发布的灾害天气预警，及时地对龙卷灾害天气作出应对。

苏苏小贴士：

【龙卷究竟有多快？】

最强级别龙卷的中心最大风速可达 100~200 米每秒，比动物界中跑得最快的猎豹还要快 3 倍。假如龙卷与一辆正常速度行驶的汽车比赛，那么当龙卷到达比赛终点时，汽车可能还未行进到比赛 1/3 的路程。

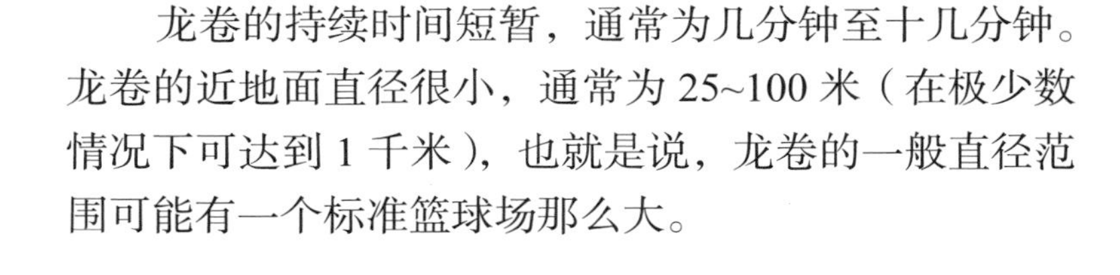

龙卷的持续时间短暂，通常为几分钟至十几分钟。龙卷的近地面直径很小，通常为 25~100 米（在极少数情况下可达到 1 千米），也就是说，龙卷的一般直径范围可能有一个标准篮球场那么大。

初到水龙卷国，苏苏发现这里的一切都和陆龙卷国截然不同。每一座房屋的墙壁都是透亮的蓝色，只有屋顶使用的是蓝白相间的瓦片；这里的居民和陆龙卷国的人除了肤色不同，其他别无二致，他们也一样有着漏斗状的身材和行走时旋转的习惯。

到底该去哪里找陆龙卷国丢失的宝物呢？就在毫无头绪的时候，苏苏在“知识竞答”比赛现场发现了一个蹑手蹑脚、长相也有点儿特别的“怪人”……

嘿！小兄弟！说好
一起出发参加比赛，
你自己先到了啊！
你是谁？
我可不认识你。
还没比你就怕了？看来你
是怕回答不出问题，被大
家取笑吧！
比就比！

第一题：

龙卷发生时，人类可以采取哪些措施来保护自己？

从楼上转移到地下室。

关好门窗，并远离房屋的外围墙壁。

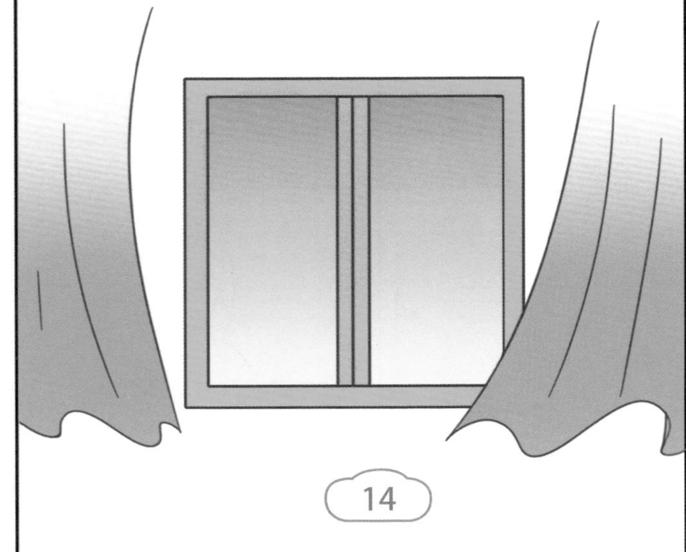

躲在与龙卷前进方向相反的墙壁后或小房间内，抱头蹲下。

第二题：

如果人类在野外遇到龙卷，该如何避险？

就近寻找低洼的地方，伏于地面。

向龙卷移动的垂直方向逃离。

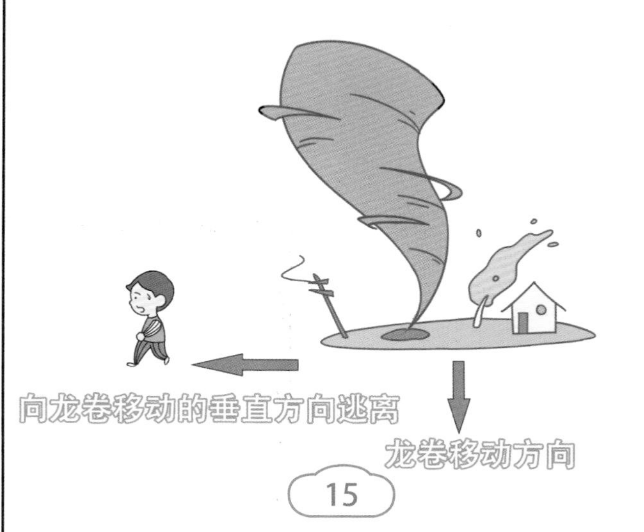

远离大树、电线杆。

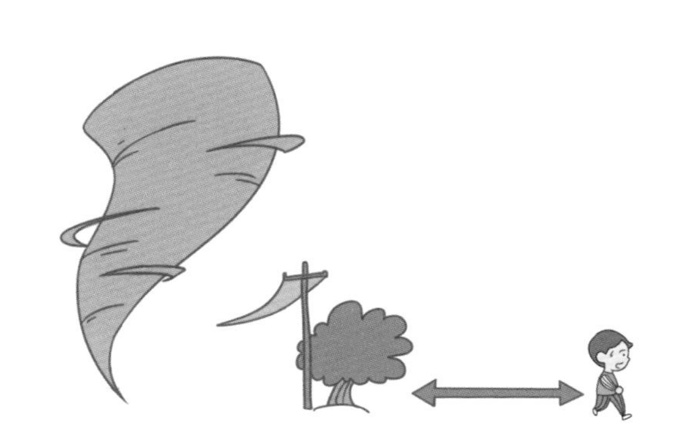

比了两轮，苏苏节节败退，“怪人”看着苏苏抓耳挠腮回答不出问题的样子不禁笑出了声。

就你这点儿知识储备，还想跟我比？！

您不愧是尘卷风国的，知识实在太渊博了！

我尘卷风向来如此……

话还没说完，尘卷风便回过神来，意识到暴露真实身份了。他一下子慌了起来，“破坏之冠”和“速度之钻”也从口袋里掉了出来。苏苏立刻上前取回宝物。众人见状，迅速将盗贼尘卷风团团围住。

苏苏将宝物分别归还给陆龙卷国和水龙卷国。经过两国国王的审讯得知：尘卷风偷盗两国宝物是因为自己被取笑“速度”和“破坏力”远远不及龙卷，但后来他发现宝物在自己身上毫无用处，心中十分懊悔，便前往水龙卷国想悄悄归还宝物，不料被苏苏抓获。

得知原由，苏苏决定帮助尘卷风做一个小小的龙卷模型。

【杯中龙卷】

准备材料：

塑料瓶 2 个、妙接器、水、色素。

实验过程

①向装有少量水的瓶中滴入几滴色素，并搅拌均匀。

②向滴有色素的瓶子装入 3/4 的水，搅拌均匀。

③先将妙接器与装有水的瓶子瓶口组装在一起，然后把空瓶子与妙接器另一端连接。

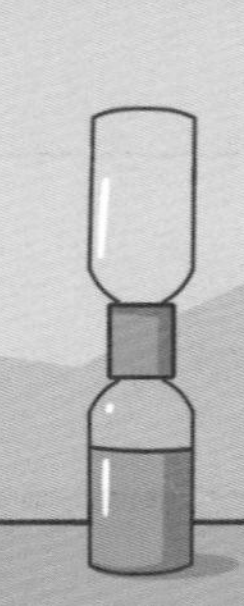

④将装有水的瓶子置于上方，握住连接两瓶的妙接器部分，逆时针摇晃几圈，瓶中龙卷便出现了。

《苏苏历险记之平定龙卷国风波》读书笔记

学校:		读书主题:	
姓名:		阅读时间:	

龙卷知识	龙卷灾害避险
我了解了:	我学会了:

我要提问:	

我的读书日记

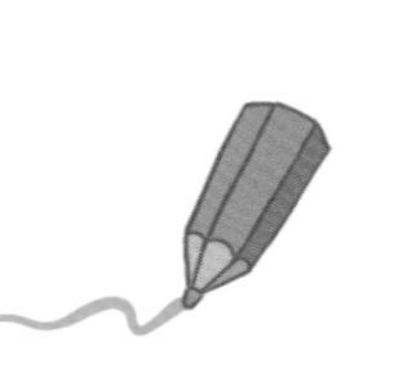